第5季

创新家装

设计图典

创新家装设计图典第5季编写组 编

U0171683

玄关走廊

机械工业出版社
CHINA MACHINE PRESS

全新升级的《创新家装设计图典第5季》将继续为读者提供新的设计案例,针对居室各空间提供了直观的设计图例,并搭配经典案例的设计讲解。这些图例不仅能使读者感受到现代设计师的空间美学与巧思,获取室内设计的动向与潮流,而且通过对一个个真实案例的分析与借鉴,能够帮助读者在家装设计领域打造出更宜居与令人满意的幸福空间。

本系列图书包括背景墙、客厅、餐厅、玄关走廊、卧室书房五个分册,涵盖室内主要空间分区。每个分册结合空间类型穿插软装搭配、材料运用、结构设计、色彩搭配等实用贴士。

图书在版编目(CIP)数据

创新家装设计图典. 第5季. 玄关走廊 / 创新家装设计图典第5季编写组编. — 5版. — 北京:机械工业出版社, 2019.11
ISBN 978-7-111-64206-0

Ⅰ.①创… Ⅱ.①创… Ⅲ.①住宅—门厅—室内装修—建筑设计—图集 Ⅳ.①TU767-64

中国版本图书馆CIP数据核字(2019)第252686号

机械工业出版社(北京市百万庄大街22号 邮政编码 100037)
策划编辑:宋晓磊   责任编辑:宋晓磊
责任印制:张 博   责任校对:刘时光
北京东方宝隆印刷有限公司印刷

2020年1月第5版第1次印刷
210mm×285mm·6印张·190千字
标准书号:ISBN 978-7-111-64206-0
定价:32.80元

电话服务   网络服务
客服电话:010-88361066   机 工 官 网:www.cmpbook.com
         010-88379833   机 工 官 博:weibo.com/cmp1952
         010-68326294   金 书 网:www.golden-book.com
封面无防伪标均为盗版   机工教育服务网:www.cmpedu.com

前言/Foreword

　　提及家装设计,首先考虑的是每个功能空间的作用及其独特的装饰原则。以目前家庭装修中关注度很高的客厅为例,它是日常生活中使用非常频繁的空间,是与亲朋好友相聚、畅谈、娱乐的区域。所以客厅的装修应兼具功能性与装饰性,在充分满足基本需求的前提下才能进行美化修饰。因此,需要花费一番心思才能行之有效地进行家庭装修。可以从家装建材的选择、家居风格的定位、居室色彩的搭配、空间布局的合理运用及改造四个方面入手。这些都是在进行装修时必须面对的重要因素,也直接影响着最终的装修效果。

　　本套丛书重点介绍了当下家庭装修中非常重视的五个功能区域,分为"背景墙""客厅""餐厅""卧室书房""玄关走廊"五个分册,深度剖析了每个空间区域的设计原则、装饰技巧、配色方式、家具布置、布局规划等相关知识。通过对案例的展示与解读,帮助读者快速、有效地了解其设计理念、搭配原则及规划意图,以此大大提升本书的可借鉴性。

　　本书通过图文搭配的方式,更直观、更实用,可为不同需求的读者提供参考。

目录/Contents

木质格栅隔断

玄关走廊

有色乳胶漆

胡桃木饰面板

印花壁纸

白枫木饰面垭口

+01

实战提示一点通

别出心裁的过道空间：为营造开阔的空间感，在玄关进门处设计了连续收纳柜，柜间镶嵌的茶色镜面玻璃，带来视觉上的轻盈感。

米白色无缝玻化砖

白色板岩砖

实木复合地板

大理石拼花

强化复合木地板

啡金花大理石

装饰银镜

玄关的作用和装饰原则

玄关的装饰设计首先应保证居室的私密性。玄关是入门处的一块视觉屏障，要能避免外人一进门就对整个居室一览无余，但也要注意，玄关的遮蔽设计不能太"实"，要保证空间在视觉上的通透，不能有压抑的感觉。

其次，玄关的设计要有装饰作用。玄关是居室给人的第一印象，应是极具品位的地方之一，应力求突出表现。而且，玄关的设计要简洁明快，因为玄关的体量一般都不太大，过于繁杂的设计容易使人眼花缭乱。

再次，玄关一般都是客厅与户外的缓冲空间，其设计应充分考虑与居室整体装修，尤其是客厅装修的呼应关系。玄关应具备很好的结合性和过渡性，应让人在视觉上有足够的回旋和缓冲空间。

最后，玄关还要方便放置物品。玄关的设计应充分考虑其基本功能，如换鞋、放伞、放置随身小物件等，有些纯属观赏性的玄关除外。

总之，玄关的设计应服从使用和空间上的需要，视实际面积和需求而定。有时，在空间很紧张的时候，仅在入门处放一张柔软的垫子、摆一个换鞋的凳子，就能布置出一个温馨的玄关。

黑胡桃木窗棂造型

米白色硅藻泥

+02

实战提示一点通

增添趣味性的搭配：入门处蓝色的玄关柜搭配金属隔断的设计增添空间的趣味性，落地式柜体搭配抽屉，满足更多收纳需求。

有色乳胶漆   金属隔断

+03

实战提示一点通

合理规划柜体样式，为空间增容：玄关打造了整面墙的收纳系统，深色的柜体上下分离，利用中间部分作为展示区，随意摆放的小物件为空间增色不少。

米色网纹亚光玻化砖

胡桃木格栅

泰柚木饰面板

白枫木饰面垭口

强化复合木地板

木质装饰线

强化复合木地板

黑胡桃木饰面垭口　　　　　木质踢脚线

白枫木百叶

灰白色无缝玻化砖

木质踢脚线

有色乳胶漆

条纹壁纸

仿古砖

软玄关的设计

软玄关,是指在材质等平面基础上进行区域处理的方法,通常可分为吊顶划分、墙面划分和地面划分,也就是在高度、色彩、质感及灯光上与内厅相区别,较适宜于空间较小的居室。通常情况下,软玄关可以是纱帘、串珠和屏风。软玄关的优点在于视觉通透、开阔,容易布置和改变,同时又会形成视觉上的隔断效果,使人感觉隔断的两侧是两个不同的功能空间,拉开后又会使空间成为一体。

密度板雕花隔断

+04

实战提示一点通

利用半通透的木质格栅与灯饰,创造小玄关的层次感:开放式的空间内,利用木质隔断及间接照明同时打造玄关的效果,展现层次感,营造小豪宅的氛围。

大理石拼花　　　　　　　　　浅米色网纹玻化砖

+05

实战提示一点通

隐形门与玄关柜:一字形的柜体为玄关提供了更多的收纳空间,隐形的入户门让玄关的设计更具整体感。

有色乳胶漆

+06

实战提示一点通

灯饰与收纳柜的结合设计：玄关处收纳柜的悬空造型，搭配暖色灯带，增添了玄关的轻盈感，同时也缓解了纯白色柜体的单调。

+07

实战提示一点通

独立玄关的入门仪式感：独立的玄关设计，增添了入户的仪式感，起到良好的视觉缓冲作用，白色玄关柜美观实用，便于进出换鞋与收纳。

有色乳胶漆

密度板雕花贴磨砂玻璃

白色乳胶漆

有色乳胶漆

有色乳胶漆

装饰壁画

椰壳板拼花

木质踢脚线

热熔玻璃

浅灰色亚光无缝玻化砖　　　　　　　　柚木饰面板

仿古砖

大理石饰面立柱

木纹玻化砖

木质窗棂造型

+08

考究的选材，创造奢华大气的空间氛围：走廊空间采用华丽的大理石作为主要装饰壁材，搭配金属隔断，给人的整体感觉奢华大气。

米黄色网纹大理石 　　　　　　　　　金属隔断

+09

以功能性为首要前提的小玄关：实用美观的柜体，可以用来收纳家中杂物，为小家创造出和谐舒适的氛围。

有色乳胶漆

大理石拼花 　　　　　　　　　　　　米白色网纹玻化砖

【装修课堂】

小户型的玄关设计

小户型的玄关设计更应侧重其在实用性方面的体现, 要把实用性与装饰性巧妙地结合起来, 以适应小户型对空间的需求。小户型的玄关多以虚实结合的手法来达到空间利用和空间审美的相互协调。为使玄关的设计充满活力, 一般在装修风格上力求简洁, 通常以通透性好的材料或灵活性强的饰品来点缀空间, 还可以设计个性独特的吊顶来增加玄关的活力。可以采取以下两种装修建议:

(1) 低柜隔断式: 即以低形矮柜作空间的限定。用低柜式家具作空间隔断, 这样的形式不仅满足了空间功能的区分, 而且还兼具了物品的收纳功能。

(2) 半柜半架式: 柜架的上部多以通透的格架作装饰, 下部则为封闭的柜体, 可以作为鞋柜或储物柜。有的则设计成中部通透而左右对称的柜件, 或用镜面、挑空等手段来造型。如果想突出玄关的展示功能, 也可以选用博古架等造型丰富的柜子。

+10

实战提示一点通

利用半通透的隔断，形成视觉缓冲：玄关处运用格栅作为与其他空间的间隔，起到了很好的视觉缓冲作用，半通透性质的格栅也为玄关提供了不可多得的自然光线。

黑白根大理石

+11

实战提示一点通

利用白色与木色，打造舒适空间：入门处采用白色的墙面搭配原木家具，营造平和舒适的氛围；细腿造型的收纳柜，为玄关处提供了收纳与展示功能。

磨砂玻璃

有色乳胶漆

白色人造大理石

有色乳胶漆

肌理壁纸

浅灰白色网纹无缝玻化砖

有色乳胶漆

米白色玻化砖

白枫木装饰线

有色乳胶漆

米黄色亚光玻化砖

仿木纹壁纸

有色乳胶漆

黑白根大理石

+12

考究的石材，别致的搭配，彰显中式韵味：黑白纹理的大理石创造了玄关空间高贵典雅之风，圆形灯带搭配精致的花艺，使空间弥漫着满满的艺术气息。

有色乳胶漆

+13

美观又实用的柜体设计：将鞋柜与收纳生活杂物的高柜，全部结合在一起，不仅整体性强，而且具有多重实用功能。

浅灰色网纹玻化砖

仿古砖

+14

利用白色与其他色彩的对比，营造清爽利落的视感：白净的基底下，无论是天然的原木地板，还是色彩明快的装饰画品，都能与之形成鲜明对比，带来了清爽利落的视觉感受。

实木复合地板

木质踢脚线

+15

简洁温馨的经典配色：入门处的两侧简单规划了收纳柜，以供日常收纳所用，白色的柜体搭配米色墙漆，简洁温馨。

彩色釉面砖波打线

磨砂玻璃

白枫木百叶

爵士白大理石

有色乳胶漆

强化复合木地板

有色乳胶漆

仿木纹玻化砖

柚木饰面板　　　　　　　　　　　米色网纹玻化砖

大户型的玄关设计

　　大户型的玄关在设计上更强调审美的感受，因而应有独立的主题，但也要兼顾整体的装修风格。玻璃、纱幔、鱼缸等装饰是常见的用于空间分隔的手段，因其具有通透性，在空间划分上更能灵活控制视线。再加上重点照明、间接照明以及家具摆设的相互配合，便能营造出丰富的层次感和深邃的意境。以下是两种装修建议：

　　（1）格栅围屏式：用典型的中式镂空雕花木屏风、锦绣屏风或带各种花格图案的镂空木格栅屏作隔断，或用现代感极强的设计屏风来作空间隔断。在介乎隔与不隔之间，通透性强的透雕屏风延伸了人们的视线。

　　（2）玻璃通透式：随着玻璃工艺技术的发展，各种式样、纹理、质感的玻璃为家居装饰提供了更广阔的空间。利用大屏仿水纹玻璃、夹板贴面搭配艺术玻璃、面刻甲骨文、闪金粉磨砂玻璃或拼花玻璃等材料隔断，使空间富于变化，又不失艺术意味。

实木地板

有色乳胶漆

强化复合木地板

车边银镜

复合实木地板

印花壁纸

实木复合地板鱼骨造型

米色网纹玻化砖　　　深咖啡色网纹大理石波打线

+16

利用藏品摆件提升艺术气息：兼具收纳与展示功能的边柜，设计线条简洁，采用几件藏品进行点缀装饰，提升了整体空间的艺术气息。

无缝饰面板

+17

合理利用户型结构，释放更多使用空间：入门处规划了收纳柜与鞋柜，结合空间结构特点，采取嵌入式的设计方式来安装柜体，为小玄关释放了更多使用空间。

红樱桃木饰面板

肌理壁纸

+18

实战提示一点通

利用装饰材质，缓解空旷感：宽敞的玄关空间里，顶面选用铂金壁纸作为装饰，以强化空间感。家具及壁材的材质和颜色保持一致，沉稳的色调搭配简洁的造型，为空间增添了一份紧凑感。

木质格栅隔断

+19

实战提示一点通

奠定风格的装饰元素：玄关入门处的设计奠定了空间的中式格调，条案造型的玄关柜、木质格栅以及带有中式元素的装饰画，都有着极强的感染力。

有色乳胶漆

陶瓷锦砖波打线

实木复合地板

印花壁纸

白色乳胶漆

米色玻化砖

金属隔断

中花白大理石

几何图案壁纸　　　　热熔玻璃

条纹壁纸　　　　强化复合木地板

有色乳胶漆

实木复合地板

+20

组合灯饰的作用：灯具的组合运用，使空间的光影效果层次丰富，利用人工照明为无窗的走廊空间补光，同时利用灯光的衬托，来突显空间事物的质感。

仿木纹地砖

+21

简洁的小玄关：小玄关以白色+木色作为主要配色，创造出一个简洁自然的空间，墙面几何图案的壁纸则为小空间带来了一份活跃与清爽之感。

几何图案壁纸

磨砂玻璃

米色网纹亚光玻化砖

玄关的收纳功能

玄关是居室进出的必经之路，是室内外的过渡，所以经常放在玄关的小物件也很多，精心的收纳设计不仅可以增大收纳空间，使这些小物件整洁有序，还能起到很好的装饰作用。玄关常用的收纳设计如下。

（1）定制玄关柜。根据墙面尺寸定制的玄关柜，高处可以直达顶棚，下面可以预留鞋架和鞋柜，中间部分空出来，可以临时搁放包等小物。这种设计一定要对顶柜和地柜的尺寸有良好的把握，尤其是中间的空间，预留得当才能使空间灵透。

（2）多功能装饰架。在玄关墙壁上打几个错落有致的搁架，再配上合适大小的收纳筐，杂乱的玄关立刻变得井然有序。

（3）可移动式家具。带有滚轮的活动收纳篮以及可自由搭配的收纳小用具，可增加收纳的便利性，使狭小的玄关空间随时可以根据需要调整。如可供选购的成品收纳换鞋凳，不但可以收纳很多杂物，还能随时改变凳子的位置，使玄关空间更加灵活多变。

米黄色网纹玻化砖

白枫木百叶

强化复合木地板

有色乳胶漆

米色硅藻泥

有色乳胶漆

金属砖

实木复合地板

仿古砖

热熔玻璃

白色乳胶漆

磨砂玻璃

米色玻化砖

黑色烤漆玻璃

仿洞石玻化砖

有色乳胶漆

木质踢脚线

橡木饰面板

浅咖啡色网纹玻化砖

+22

通过巧妙的设计，创造轻盈舒适的家居氛围：玄关处规划了较多的收纳柜体，为居家收纳提供了更多的空间。柜体的悬空式设计，在灯带的衬托下，更显轻盈。

密度板雕花隔断

+23

细节体现古典风格居室的精致品位：开放式的空间内，玄关处不做任何多余的装饰。一只斗柜倚墙而立，随意摆放的小物件及柜体上方悬挂的墙画，点缀出古典风格的精致美感。

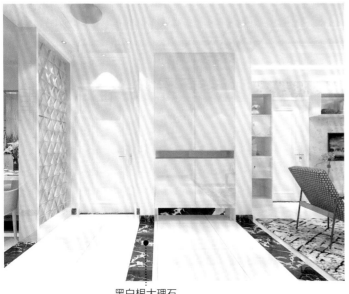

黑白根大理石

有色乳胶漆

米白色硅藻泥

黑白根大理石波打线

+24

利用大理石拼花，明确空间功能：开放

式的空间内，通过变换地面装饰材料的

造型作为空间界定，美观而实用。

大理石拼花

+25

利用灯具补充空间光影层次：壁灯加筒

灯组成的玄关照明，让空间更有层次；

巨幅装饰画是整个空间内的设计亮点，

奠定了空间的中式格调。

云纹大理石

艺术花砖

彩色硅藻泥

木纹大理石

装饰壁画

米色玻化砖

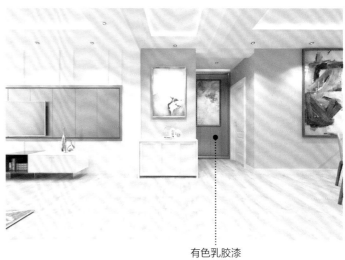

有色乳胶漆

玄关吊顶的设计

　　玄关的空间往往比较局促,容易产生压抑感,但通过局部的吊顶配合,也能改变玄关空间的比例和尺度。玄关的吊顶可以在巧妙构思下,成为极具表现力的室内一景。它可以是自由流畅的曲线;也可以是层次分明、凹凸变化的几何体;还可以是上面悬挂点点绿意的木龙骨。需要把握的原则是:简洁、整体统一、有个性,还要将玄关的吊顶和客厅的吊顶结合起来考虑。

红樱桃木饰面板

黑白根大理石波打线

大理石拼花

胡桃木饰面板

+26

半通透的磨砂玻璃：以一面半通透的磨砂玻璃作为玄关与客厅之间的间隔，简洁大方，充分利用玻璃打造一个整齐利落的居室氛围。

磨砂玻璃

+27

灵活巧妙地运用柜体规划空间：走廊两侧均采用不同样式的柜体作为与客厅、餐厅之间的间隔，这样的规划设计同时兼备了装饰性与功能性，既完成了空间规划，又能带来更多的收纳空间。

仿古砖

中花白大理石

金属隔断

木质踢脚线

磨砂玻璃

大理石拼花

+28

实战提示一点通

玄关家具的合理运用：玄关处放置的收纳柜非常实用，既可以收纳日常用品，又可以用来展示藏品、花艺等小物件，也是整个玄关处的装饰亮点。

人造石踢脚线

+29

实战提示一点通

简洁而不失设计感的玄关柜：开放式空间，玄关柜的设计简洁却不失趣味性，落地的柜体增加了储物空间，原木的材质也更显自然。

有色乳胶漆

强化复合木地板

密度板雕花造型

黑白根大理石波打线

大理石拼花

肌理壁纸

木质踢脚线

有色乳胶漆

白枫木饰面板

有色乳胶漆

强化复合木地板

木质踢脚线

玄关的地面设计

玄关地面的材料要具备耐磨、易清洗的特点。地面的装修通常依整体装饰风格的具体情况而定，一般用于地面的铺设材料有玻璃、石材和地砖等，木地板也是很好的选择。如果想让玄关的区域与客厅有所分别的话，可以选择铺设与客厅颜色不同的地砖。还可以把玄关的地面升高，在与客厅的连接处做成一个小斜面，以突出玄关的特殊地位。如果觉得小斜面处的脚感不好，可以在上面铺地毯，但一定要粘牢，使其固定，也可在下面铺一层粗纹垫子，以防滑动。玄关进门处通常铺一块结实的擦脚垫，以擦去鞋底的污垢。

中花白大理石

有色乳胶漆

浅灰色亚光玻化砖　　肌理壁纸

+30

实战提示一点通

简洁利落的小玄关：进门处的玄关柜美观实用，便于换鞋和收纳；地面简洁拼装的地砖与其他空间保持一致，让小玄关看起来整洁、利落。

强化复合木地板

+31

实战提示一点通

小户型中，空间布局的合理运用：玄关与餐厅相连的情况下，利用墙面的转角，将玄关柜与卡座设计成L形，合理地规划了空间，还为日常生活创造了更多的收纳空间。

黑色烤漆玻璃　　　有色乳胶漆

+32

实战提示一点通

通过格栅的运用，达到视觉缓冲的作用：玄关处采用格栅层架作为装饰，能够有效起到视觉缓冲的作用，层板上随意摆放的藏品与书籍是两个空间最好的装饰元素。

爵士白大理石

雕花钢化玻璃

中花白大理石

有色乳胶漆

浅咖啡色网纹无缝玻化砖

雕花银镜

木质格栅隔断

奶白色抛光墙砖

白色乳胶漆

胡桃木饰面板

无缝饰面板

几何图案壁纸

白色板岩砖

有色乳胶漆

白色乳胶漆

+33

实战提示一点通

利用线条延伸表现创意：玄关柜采用阶梯式设计手法，将换鞋凳延伸至矮柜，再从矮柜延伸至高柜，使玄关的设计更具有整体性与连贯性。

胡桃木饰面板

+34

实战提示一点通

利用手绘图案增添艺术氛围：玄关处采用创意手绘图案作为装饰，让人在一进门时就能感受到艺术气息；厨房与玄关之间采用柜体进行区域划分，通过材质与色彩的差异使空间功能更加明确。

[装修课堂]

玄关的灯光布置

玄关一般没有明窗，因此要通过合理的灯光设计来烘托玄关明朗、温暖的氛围。

玄关的基础照明可使用较明亮的吊灯或吸顶灯，基础照明可以保证玄关的明亮，方便人进出。同时为了保证玄关的装饰效果，还应该设置一些装饰照明，如射灯、壁灯、地灯等。射灯可以用来定向照明玄关的展示品，包括挂在墙上的壁画、摆放的装饰工艺品等，对视觉效果的丰富作用非常大。一般玄关的壁灯灯光方向会设计成向上，这样可以使空间看起来更高。如果玄关处有定制的鞋柜，也常在鞋柜下面设一个地灯，不但方便拿取鞋子，还能增加玄关的视觉层次，使玄关的通透感更强。

仿古砖

实木复合地板

+35

实战提示一点通

利用传统家具，定位空间风格：入门处摆放的玄关柜，造型古朴雅致，彰显了中式家具的精湛工艺，沉稳的色彩放大了装饰效果，瓷器、花艺等饰物的装饰，更显韵味。

仿木纹壁纸　　　　　　　　灰色网纹玻化砖

+36

实战提示一点通

美观实用的玄关家具：将玄关的一整面墙都规划成收纳柜，造型简洁利落，实用性强；另一侧的边柜，造型古朴雅致，兼具收纳与展示功能。

布艺装饰硬包

黑胡桃木窗棂造型隔断

中花白大理石饰面垭口

黑胡桃木格栅

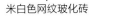

米白色网纹玻化砖

米色网纹玻化砖

白枫木饰面板

黑白根大理石波打线

印花壁纸

有色乳胶漆

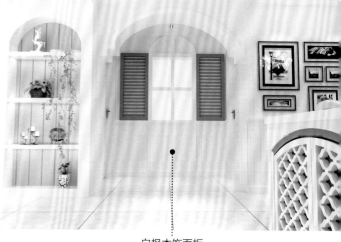

白枫木饰面板

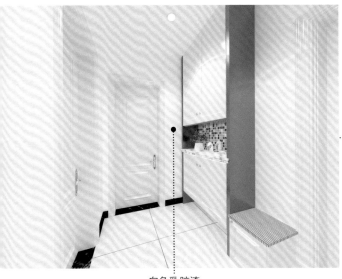

白色乳胶漆

密度板雕花造型

艺术花砖

+37

利用地面材料让空间充满活力：空间整体以白色作为主题色，创造出一个整洁利落的空间氛围，地面花砖的运用，是空间装饰的点睛之笔，打破白色的单调，为空间注入活力。

白色乳胶漆

+38

实战提示一点通

让居室更有扩张感的白色：小户型居室内，以简约的白色作为主色调，使小空间有了一定的扩张感。玄关处换鞋凳上随意摆放的玩偶，提升了整体空间的色彩层次感。

黑胡桃木饰面板

+39

利用格栅造型，丰富设计线条：玄关以造型别致的木质格栅作为间隔，调和了现代中式居室内方方正正的线条感，也在入门处起到了视觉缓冲的作用。

印花壁纸

+40

质朴自然的独立玄关：玄关家具清晰的纹理带出质朴自然的气息，搭配上淡绿色的印花壁纸、白色护墙板，整体氛围清爽明快。

磨砂玻璃

仿古砖

有色乳胶漆

浅灰色网纹玻化砖

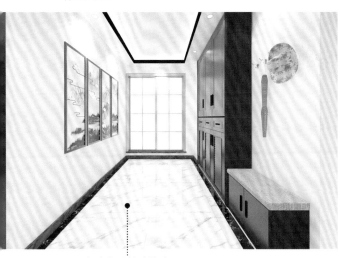

灰白色网纹玻化砖

胡桃木饰面板

胡桃木饰面板

玄关的家具种类

作为居室的过渡空间，玄关处的家具应具备一定的收纳功能，以存放鞋、雨具等物品。玄关的家具一般以边桌、玄关柜、斗柜和长凳为主。在材质上可以分为木质、铁艺、玻璃、石材以及几种材质的组合等，在风格上可以根据居室的整体风格来选择。

印花壁纸

印花壁纸

红樱桃木饰面板

铂金壁纸

木质踢脚线

玻璃锦砖

密度板雕花隔断

密度板雕花隔断

+41

实用的雕花隔断：雕花木质格栅的运用，让玄关柜充满艺术感，白色柜体搭配精致的雕花图案，随意摆放上一盆花艺、烛台、工艺品，都很雅致。

+42

利用软装元素点缀空间氛围：空间整体以米色+木色+白色为主色调，营造出一个温馨典雅的空间氛围。带有几何图案的玄关柜和装饰画为空间注入了清爽明快之感。

强化复合木地板

有色乳胶漆

+43

实用美观的收纳柜：玄关处的落地式收纳柜非常实用，可以妥善存放大量物品，其造型简单和结实的质感，延续了整个空间的简洁感。

仿古砖

+44

北欧风与日式风的结合：全屋的总体色调以灰色+白色+木色为主，既有北欧风的简约冷静，也有日式风的温暖清新。

奶白色玻化砖　　　　　　　　木质格栅隔断

木纹亚光玻化砖　　　　　　　白枫木格栅隔断

水曲柳饰面板

白枫木饰面板

实木复合地板

灰白色亚光玻化砖

黑金花大理石波打线　　　　无缝木饰面板

木质踢脚线

白枫木饰面板

米色玻化砖

白枫木窗棂造型隔断

白枫木饰面板

强化复合木地板

有色乳胶漆

米色网纹无缝玻化砖

+45

利用灯光突显材质质感：胡桃木、大理石等装饰材料，在灯光的衬托下，其质感更加突出；墙面末端的装饰画为简约的空间带来不可或缺的艺术感。

黑白根大理石波打线

黑胡桃木饰面垭口

+46

通过设计线条与材质的结合，突出风格特点：简约的直线条搭配古朴雅致的木材，展现出现代中式风格简洁利落、清新雅致的美感。

胡桃木装饰线密排

[装修课堂]

玄关的饰品运用

（1）布艺饰品：可更换玄关条案上的一条桌旗，或在古旧风格的鞋柜、座椅上铺一块具有异国情调的花布，抑或在墙面上悬挂一块民族色彩浓烈或抽象的布艺，都可以打造出令人耳目一新的风景。

（2）镜子：在墙面上悬挂一面造型新颖别致的镜子，既可扩大视觉空间，又方便在出门前整理着装。不过，镜子与矮柜在设计上应相互呼应，还可根据需要调整角度。

（3）植物：在条案、小台桌、柜子上放上几盆鲜花或绿植，让人一进门就能感受到满室馨香。

实木复合地板

密度板雕花隔断　　　　　　　　　胡桃木饰面板

+47

实战提示一点通

利用色彩营造明快和谐的色彩氛围：胡桃木贯穿整个空间，搭配米白色壁纸和浅灰色大理石，形成深浅颜色的对比，让空间整体氛围明快和谐。

胡桃木饰面板垭口

+48

实战提示一点通

海洋元素的装饰：海洋元素是玄关中的装饰亮点，为空间注入活力与生机；入门处整墙规划的收纳柜，兼具了展示与收纳功能。

木质踢脚线

有色乳胶漆

有色乳胶漆

米白色亚光玻化砖

强化复合木地板

胡桃木饰面板

米白色亚光玻化砖

有色乳胶漆

装饰银镜

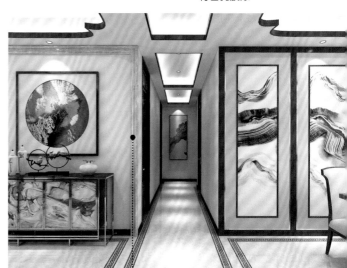

大理石装饰线

有色乳胶漆　　米色网纹玻化砖

有色乳胶漆　　　　　　　　　　回字纹烤漆玻璃

+49

合理运用灯饰，渲染空间层次：筒灯+
射灯+灯带的组合照明，渲染出走廊的
光影层次，将灯带置于地面上方的设计
方式，也为空间增添了一份轻盈之感。

有色乳胶漆

+50

家具、花艺、画品的点缀，奠定风格：
玄关入门处没有多余的装饰，条案上摆
放的瓷质花器，奠定了空间的中式格
调，几幅水墨挂画则更加突显了中式文
化的底蕴与内涵。

米黄色网纹玻化砖

有色乳胶漆

白色乳胶漆

人造石踢脚线

木质踢脚线

+51

简约明快的现代居室空间：以黑色与白色为主色的空间，给人带来的视觉感简约明快。在走廊尽头的墙面悬挂一幅装饰画，带出些许艺术气息。

浅棕色硅藻泥

+52

运用材质的变化来界定空间：开放式的空间内，运用地面材质的变化来进行区域界定，避免了实墙的压抑感，保证了空间视野的开阔性。

木质窗棂造型隔断　　印花壁纸

白色亚光玻化砖

条纹壁纸

双色地砖拼贴

密度板雕花隔断

走廊的设计方法

（1）尽量避免狭长感和沉闷感。要避免走廊的狭长感和沉闷感，可以采用的手法很多，如在走廊上挂字画作为艺术走廊；在墙壁上用毛石等稍做处理制造仿古感觉；做壁龛、小景点等营造趣味中心等等。

（2）营造宽敞的空间。狭长单调的走廊会使人感觉沉闷压抑，因此走廊的设计一定要留有足够的空间，不能因为担心占用面积或觉得浪费而人为地缩小走廊。

（3）巧用光源丰富视觉效果。走廊装饰的美观主要反映在墙饰上，而精美的墙饰需要经过柔和的灯光照射，才能精美绝伦。

有色乳胶漆

米黄色网纹无缝玻化砖

+53

实战提示一点通

回字形的顶面造型，缓解狭长感：浅色调的背景色，给人带来开阔的视觉感；回字形的顶面设计，缓解了走廊的狭长感，增添了设计的连续性与延伸性。

仿古砖

+54

实战提示一点通

利用设计造型奠定风格基调：玄关与楼梯间都运用了拱门造型，奠定了空间的地中海风格基调。蓝色+白色+棕色的配色方式，创造出一个自然、淳朴的空间氛围。

印花壁纸

米黄色洞石

木纹地砖

有色乳胶漆

木质窗棂造型贴银镜

有色乳胶漆

+55

实战提示一点通

小户型走廊装饰宜简不宜繁：小户型的走廊选材应尽量选择与客厅、餐厅等空间保持一致，避免产生凌乱拥挤的感觉。若想缓解单调感，可适当地选择几幅装饰画作为墙面装饰。

木质踢脚线

+56

实战提示一点通

素雅的开放式空间布局：为了保证空间的通透性，采用开放式布局，使走廊与餐厅、客厅连成一体，素雅的色彩搭配，利落的线条感，使得室内每一处都散发着日式禅意。

金属砖

实木地板鱼骨造型

有色乳胶漆

仿古砖

白橡木饰面板

有色乳胶漆

印花壁纸

手绘墙饰

肌理壁纸

有色乳胶漆

仿古砖

肌理壁纸

金属砖

啡金花大理石波打线

白枫木饰面板

+57

简洁雅致的空间设计：走廊延续客厅的简约设计，墙面采用素色乳胶漆作为壁材，配上顶面嵌入式灯带与筒灯的组合，营造简洁雅致的视觉效果。

泰柚木饰面板　　　　　　　有色乳胶漆

+58

利用家具的色彩对比增添明快感：入门处采用半通透的磨砂玻璃推拉门作为玄关与其他空间的间隔，缓解了深色柜体的单一感；深色实木家具搭配白色格栅，形成深浅颜色的对比，为古朴的空间增添一份明快感。

磨砂玻璃

米色无缝玻化砖

肌理壁纸

柚木饰面垭口

有色乳胶漆

仿木纹壁纸

仿古砖

印花壁纸

白色乳胶漆

走廊的面积规划

　　走廊在一些面积较大或结构较复杂的住宅内很常见。其作用就是设置一个通道以更通往住宅的各个房间。走廊的设置需要充分利用空间，不能太过铺张，走廊的宽度一般在1.3米左右，长度以够用为宜，不宜把走廊设置在住宅的正中间而把住宅截然分成两半，走廊的长度也不宜超过住宅长度的三分之二。另外，需要注意的是，不能把走廊设置成回字形，以免浪费空间。

有色乳胶漆　　　　　爵士白大理石

+59

利用色彩营造氛围：走廊空间的配色独树一帜，温暖的米色搭配洁净的白色，营造出一个温馨整洁的空间氛围。

浅咖啡色网纹亚光玻化砖

+60

经典配色让玄关处更显雅致：玄关入门处采用一字形柜休作为玄关收纳柜，并采用白色与浅咖色这一经典组合作为配色，视觉上也更显干净雅致。

木质踢脚线

白色乳胶漆

胡桃木饰面板

米黄色洞石

胡桃木饰面板　　　　木质踢脚线

胡桃木饰面板

+61

材质的对比,增添明快视感:大理石与木材作为墙面装饰壁材,形成深浅颜色、冷暖材质的对比,为典雅的空间带来一份明快之感。

砂岩

+62

简约风格的艺术感:走廊的设计十分简约,白色墙面搭配原木材质门板,再通过一幅抽象装饰画来渲染空间艺术氛围,提升空间的美感。

有色乳胶漆

米色无缝玻化砖

强化复合木地板

胡桃木饰面板

有色乳胶漆　　　　　中花白大理石

+63

实战提示一点通

利用墙画增添艺术气息：走廊墙面选择
与其他空间相同的墙漆作为装饰，搭配
充满创意的手绘墙画，使得整个空间简
洁却带有不凡的艺术气息。

木质踢脚线

+64

实战提示一点通

富有创意的壁灯；简约风格居室内，走
廊的设计十分用心，将壁灯嵌入墙板凹
槽处，暗红色的灯光，为简约的空间增
添了一抹亮丽的色彩。

强化复合木地板　　　　　　　　有色乳胶漆

仿洞石玻化砖

印花壁纸

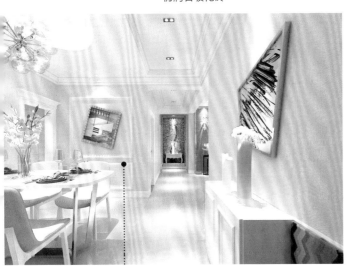

白枫木装饰线

有色乳胶漆

磨砂玻璃

有色乳胶漆

有色乳胶漆

有色乳胶漆

强化复合木地板

水曲柳饰面板

磨砂玻璃

走廊装饰材料的选择

走廊的材料选择可以从走廊的三个面着手，即墙面、顶面和地面。

（1）走廊的墙面一般使用和相邻空间（多为客厅）相同的材料，也就是乳胶漆、壁纸等。传统欧式风格装修中常在走廊采用护墙板，而现代居室装修中多采用局部护角或壁纸替代。

（2）走廊一般比较狭长，其照明设计非常重要。大多数装修会在走廊做一个石膏板吊顶，并嵌入吊灯和吸顶灯、灯池等。一些装修比较豪华的居室中，还常常使用灯带来丰富走廊的视觉效果。

（3）走廊地面的用材不必特别强调耐磨性，一般的地砖、地板等都可以满足走廊地面装修的需要。

米黄色网纹玻化砖

+65

实战提示一点通

温馨典雅的居室氛围：走廊墙面以印花壁纸作为主要装饰壁材，迎合了空间温馨典雅的格调，配上几幅挂画，让走廊多了一份艺术气息。

印花壁纸

+66

实战提示一点通

利用画品提升艺术氛围：原木色护墙板与素色调壁纸的装饰，简约的原木色和浅咖啡色，营造出的氛围自然且温馨；走廊尽头墙面上的装饰画，提升了整体空间的艺术氛围。

肌理壁纸   水曲柳饰面板

陶瓷锦砖

六角地砖拼贴

有色乳胶漆　　　　　　　白枫木装饰线

+67

实战提示一点通

利用墙饰与线条装点空间：空间整体设计简洁、素净，通过墙面简洁的木质线条、富有创意的墙饰、展示搁板上的物件，装点出活泼、生动的空间氛围。

木质踢脚线　　　　　　　印花壁纸

+68

实战提示一点通

利用装饰画提升色彩层次：以米色为底色的印花壁纸搭配简洁的白色线条，给人以温馨、简洁的视感，色彩艳丽的装饰画，提升了整体空间的色彩层次。

米色网纹玻化砖

强化复合木地板

印花壁纸

白枫木饰面垭口

木质踢脚线

强化复合木地板

有色乳胶漆

印花壁纸

车边茶镜

白枫木饰面板

泰柚木饰面板

+69

统一的选材，让空间更有整体感：入门
处两侧通过垭口作为空间界定，保证了
空间良好的动线。垭口的材质和颜色与
玄关家具保持一致，强化了空间装饰的
整体效果。

红樱桃木饰面垭口

+70

利用小家具增添空间功能，提升色彩层
次：在空间面积允许的情况下，在走廊
尽头摆放的沙发椅与边几，为空间开辟
出一个休闲角落，家具的艳丽色彩，让
空间色彩层次得到了提升。

白色乳胶漆　　　　　　　　胡桃木饰面板

胡桃木饰面垭口　　　　　　白色乳胶漆

雕花烤漆玻璃

有色乳胶漆

白色板岩砖

有色乳胶漆

冰裂纹壁纸

印花壁纸

走廊顶面的设计

　　走廊的顶面装饰可利用原来的顶面结构涂刷乳胶漆稍做处理的方式，也可以采用石膏板做艺术吊顶，外刷乳胶漆，收口采用木质或石膏阴角线的方式，这样既能丰富顶面造型，又可以利用它进行走廊的灯光设计。顶面的灯光设计应与相邻的客厅相协调，可采用射灯、筒灯、串灯等样式。

+71

利用材质突显极简风的自然与舒适：玄关处延续其他空间极简舒适的搭配方式。原木色家具搭配白色大理石，加上通透的木质格栅，使玄关处的氛围自然而温馨。

实木装饰线密排

白色玻化砖　　　　　　　　木质踢脚线

装饰壁画

黑胡桃木窗棂造型贴灰镜

强化复合木地板

黑白根大理石波打线

胡桃木饰面板　　　　　强化复合木地板

+72

一物多用的巧妙设计：玄关与书房之间采用开放式书柜作为间隔，书柜选用木纹清晰的亚光白蜡木材质，保留木质本身的温润感，一物多用。

有色乳胶漆

米白色亚光玻化砖

+73

简洁与优雅并存的现代中式设计：挂画与花艺瓷器的点缀，给居室带来意想不到的装饰效果，简约的直线条与艺术品的交织，让室内每一处都充满优雅的气息。

人造石踢脚线

黑白恨大埋石波打线

木质踢脚线

橡木饰面板

印花壁纸

木质踢脚线 仿木纹壁纸

+74

实战提示一点通

利用画品，打造极简韵味：空间整体以浅咖啡色与白色为主色，延续了客厅简约的设计手法，走廊的墙面没有多余复杂的装饰，一幅极简风的装饰画，便能提升空间的艺术气息。

不锈钢装饰线

+75

实战提示一点通

原木材质，突显北欧情调：走廊选用水曲柳饰面板作为主要壁材，搭配色彩丰富的挂画，营造出一个自然、清爽的北欧风格居室。

车边灰镜　　　　　　　　　黑白根大理石波打线

强化复合木地板

有色乳胶漆

磨砂玻璃

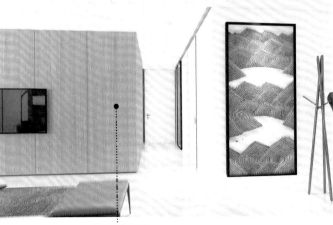

水曲柳饰面板

肌理壁纸

装饰壁画

大理石拼花

白枫木装饰线

手绘墙饰

走廊墙面的设计

　　走廊的墙面，可以采用与居室颜色相同的乳胶漆或壁纸。如果走廊连接的两个空间色彩不同，原则上走廊墙面的色彩宜与面积大的空间相同。走廊的墙面上也可以挂上风格突出的装饰画或挂饰，甚至是挖出凹形装饰框，放置饰品，然后再加强局部照明，这样就能很好地克服墙面呆板单调的感觉。

有色乳胶漆　　　　　　　　　　　　　　　　　米白色玻化砖

+76

实战提示一点通

灯槽渲染家具质感：定制的玄关柜收纳功能强大，能够满足日常储物需求，结合顶面灯槽，使木质柜体的纹理更加突出，提升了装饰效果。

白色乳胶漆

+77

实战提示一点通

原木材质的极简韵味：将原木材质贯穿整个空间，搭配纯白色的墙面，给人呈现出极简之感。空间布局上利用半通透的展架将走廊与客厅划分开，提升了视觉层次。

有色乳胶漆

米黄色硅藻泥

白色乳胶漆

+78

利用射灯渲染层次：走廊尽头的展示柜在射灯的照射下，显得更加突出，提升了整个空间的设计层次。

有色乳胶漆　　　　仿古砖

+79

合理的色彩搭配，打造和谐的色彩氛围：蓝色与白色是地中海风格居室的经典配色，清爽明快，能够创造出地中海风格自由、浪漫的空间氛围。地砖的色调沉稳，为空间增添了一份稳重感。

有色乳胶漆

车边茶镜

木纹砖波打线

有色乳胶漆

印花壁纸

木质窗棂造型贴茶镜

实木复合地板

绯红网纹亚光地砖

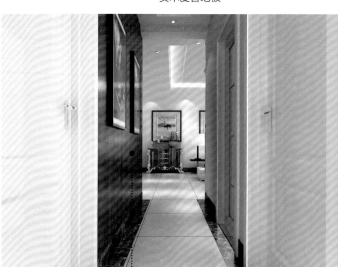

红樱桃木饰面板

人造石踢脚线   有色乳胶漆

有色乳胶漆　　　　米白色玻化砖

实战提示一点通

明快而清爽的空间配色：走廊延续了客厅与餐厅的配色手法，纯净的白色墙漆与绿色搭配，明快而清爽。走廊尽头的收纳柜与创意隔板，丰富了空间装饰效果，也满足了日常收纳需求。

有色乳胶漆　　　　密度板雕花隔断

实战提示一点通

洁净简约的小玄关：进门玄关处的设计奠定了空间的整体基调，洁净简约。整体以白色和浅灰色为主色调，空间感极强。

装饰壁画

有色乳胶漆

肌理壁纸

中花白大理石

白枫木装饰线

+82

实战提示一点通

家具与结构布局的紧密结合：将柜体与墙面结合，满足收纳功能，充分利用空间的结构布局，让墙面有了不一样的定义，装饰性与实用性并存。

白枫木饰面装饰立柱

深咖啡色网纹大理石波打线

+83

实战提示一点通

利用白色打造空间的简洁感：走廊的墙面延续了整体空间的设计格调，白色护墙板搭配印花壁纸，营造出干净、整洁、温馨的空间氛围。

白色乳胶漆

【装修课堂】

走廊配饰的选择

走廊配饰的作用是避免狭长感和沉闷感。

（1）普通的走廊可直接在素色墙面上悬挂装饰画。装饰画选用和整个居室相同的风格即可。为了丰富空间层次，还可以在装饰画上安装射灯进行展示照明。这种纵向的照明不但能突出装饰画的地位，还能增加走廊的亮度，使走廊看起来更宽敞。还可以在走廊做一组壁龛，摆放一些精美的工艺品、书籍、花艺等，让走廊的设计效果更加丰富。

（2）狭长型走廊，则可考虑"以墙为镜"。就是在走廊的一面墙上镶嵌镜子。镜面用于居室装修，可以起到扩展视线的效果，但是如果使用不当，则会使人感到无所适从。为了避免镜面装饰的弊端，可以选用银色或茶色的玻璃镜面，或者采用拼贴的镜面。

大理石拼花

印花壁纸

米黄色网纹大理石

胡桃木饰面板

有色乳胶漆

密度板雕花隔断

无缝饰面板

车边灰镜

印花壁纸　　　　　　　　　　　　黑胡桃木装饰线

+84

利用色彩与灯光的组合，创造舒适氛围：走廊以米色与白色作为主色调，搭配暖色灯光，使整体空间散发着温暖舒适的感觉。

有色乳胶漆

+85

利用色彩打造清爽自然的休闲空间：开放式的空间内，以蓝色与白色为主，给人带来休闲感。深蓝色木材搭配白色调壁纸，清爽十足，利用颜色的深浅对比，彰显色彩层次的递进关系。

仿古砖

米黄色亚光玻化砖

米色网纹大理石

木纹大理石

仿木纹玻化砖

陶瓷锦砖

印花壁纸

有色乳胶漆

手绘墙画